浙地宝藏

——浙江省地质博物馆馆藏精品图册

ZHE DI BAOZANG——ZHEJIANG SHENG DIZHI BOWUGUAN GUANCANG JINGPIN TUCE

主 编 李启秀 周宗尧 程海艳
副主编 朱朝晖 吕 剑 周科南

图书在版编目（CIP）数据

浙地宝藏：浙江省地质博物馆馆藏精品图册 / 李启秀，周宗尧，程海艳主编；朱朝晖，吕剑，周科南副主编 . -- 武汉：中国地质大学出版社，2024.12. -- ISBN 978-7-5625-6088-3

Ⅰ . P57-64

中国国家版本馆 CIP 数据核字第 2024UZ7608 号

浙地宝藏	李启秀　周宗尧　程海艳　**主　编**
——浙江省地质博物馆馆藏精品图册	朱朝晖　吕　剑　周科南　**副主编**

责任编辑：周　旭	选题策划：周　旋	责任校对：张咏梅

出版发行：中国地质大学出版社（武汉市洪山区鲁磨路 388 号）	邮编：430074
电话：（027）67883511　　　传真：（027）67883580	E-mail:cbb@cug.edu.cn
经销：全国新华书店	http://cugp.cug.edu.cn

开本：787mm×1092mm　1/16	字数：147 千字　印张：5.75
版次：2024 年 12 月第 1 版	印次：2024 年 12 月第 1 次印刷
印刷：武汉精一佳印刷有限公司	

ISBN 978-7-5625-6088-3	定价：58.00 元

如有印装质量问题请与印刷厂联系调换

浙江省地质博物馆系列科普图书
编委会

主　任　邵向荣
副主任　叶忠华
编　委　龚日祥　刘才荣　杨建梅　赵神祖

《浙地宝藏——浙江省地质博物馆馆藏精品图册》
编委会

主　编　李启秀　周宗尧　程海艳
副主编　朱朝晖　吕　剑　周科南
委　员　张建芳　齐岩辛　胡艳华　刘风龙
　　　　汪建国　刘远栋　施展乐　王　璐
　　　　金朔慧　舒　强　曲　颖　赵　洁
　　　　杨泽钰　傅　群　盛　杰　王剑波
　　　　魏国庆　宣仲慰　杜俊宏　周阿明
　　　　朱乐宾　孙　洁　蒋冯锋　赵　婷

前 言

我们在读万卷书时环球旅行、遨游世界，但更渴望行万里路，奔赴一场属于诗与远方的相遇，亲眼见证书籍中描述的壮美与神奇。博物馆——跨越时空的界限，汇聚万千精彩之瞬，承载着世界美好之物。如今，越来越多的人选择走进博物馆、主动了解博物馆、由衷爱上博物馆，享受游览博物馆所带来的视觉冲击与心灵共鸣，真正实现短途旅行中即可阅读世界的梦想！

地球，我们居住的美好家园。抬头仰观，地球上的山川美景因何形成？低眉凝视，无与伦比的自然瑰宝姿态几何？极目东望，广袤无垠的海洋奔向何处？欢迎来这里，寻找你想要的答案。2023年4月22日正式对外开放的浙江省地质博物馆位于杭州市萧山区金山路128号，毗邻杭州地铁1、2、5号线，交通便利，位置优越，是一所集科普教育、收藏保护、科学研究、休闲旅游四大功能于一体的省级自然科学类博物馆，更是一个值得多次参观学习的好去处。博物馆以"山海浙江二十亿"为主题，设置了地质历史厅、矿产资源厅、地质环境厅、海洋地质厅、土地资源厅5个常设展厅，其中的浙地宝藏——矿产资源厅，怎一个"美"字了得！琳琅满目的矿物晶体、璀璨温润的珠宝玉石以及大有可为的奇珍矿石深受广大观众喜爱，让人情不自禁开启拍照打卡模式。对于地学专业人士及石头爱好者而言，这里不仅是他们的实习实践基地，更是他们探索求知的理想乐园。

矿物之"美"，美在其色，美在其形，亦美在其用。如果我们仅仅只满足于"悦目"之浅尝，那么陈列在博物馆里的展品便会失去应有的活力，使人们无法聆听它们与自然生命对话的细语。本书基于浙江省地质博物馆的丰富馆藏，精心挑选了既具代表性、科普性又具观赏性的精品矿物、浙江特色玉石以及典型岩石标本，通过图文并茂的形式，引领读者用一双发现美的眼睛，沉浸式寻觅浙地宝藏，赏析每一块小石头中所蕴含的大千世界，深入探索地球科学的奥秘。

编　者

2024年7月

目 录

第一章　馆藏精品矿物篇

一、自然元素大类 2

　　硬通货——自然金 3

　　银针验毒——自然银 4

　　文明使者——自然铜 5

　　首饰拍档——自然铂 6

　　铮铮铁骨——自然铁 7

　　火山柠檬——自然硫 8

　　永恒之石——金刚石 9

　　笔中铅——石墨 10

二、硫化物及其类似化合物大类 11

　　铠甲战士——方铅矿 12

　　闪耀之石——闪锌矿 13

　　黄金伪装者——黄铜矿 14

　　炼丹原料——辰砂（朱砂） 15

　　根根分明——辉锑矿 16

　　鸳鸯矿物——雌黄、雄黄 17

　　斑彩之石——斑铜矿 18

　　愚人金——黄铁矿 19

　　鼻尖上的矿物——毒砂 20

　　长得像车轮的矿物——车轮矿 21

三、氧化物和氢氧化物大类 22

  水晶王国——石英 23

  姐妹宝石——红宝石、蓝宝石 27

  绝地武士——尖晶石 29

  猫眼矿物——猫眼 30

  大地指南针——磁铁矿 31

  防火衣——水镁石 32

四、含氧盐大类 33

  舌尖上的水果宝石——石榴子石 34

  二硬石——蓝晶石 37

  枕下瑰宝——电气石（碧玺） 38

  长石族的佼佼者——天河石 39

  完璧归赵——拉长石 40

  岩石"兄弟"——鱼眼石、沸石 41

  珠宝世家——绿柱石矿物 42

  古老玉石——青金石 44

  蔷薇玫瑰——蔷薇辉石 45

  美丽俏佳人——菱锰矿 46

  只此青绿绘江山——孔雀石、蓝铜矿 47

  天国之石——天青石 48

  重量级矿物——重晶石 49

  验水专家——胆矾 50

  广西特产——磷氯铅矿 51

  农作物的好朋友——磷灰石 52

  蝴蝶飞飞——钼铅矿 53

五、卤化物大类 54

  发光精灵——萤石 55

第二章　浙江特色玉石篇

昌化鸡血石 64

青田叶蜡石 65

仙都丹玉 67

松阳七彩玛瑙 68

泰顺三彩 69

黄蜡石 70

萧山红石 71

第三章　浙江典型岩石篇

黑云斜长片麻岩 74

超镁铁质球状岩 75

冰碛岩 76

叠层石 77

榴闪岩 78

石榴黑云斜长片麻岩 79

结语 80

主要参考文献 81

第一章
馆藏精品矿物篇

　　玲珑矿物含乾坤。不难发现，矿物在我们的生产、生活中无处不在！橱窗里的美丽珠宝、摩天大厦中的石材原料、笔墨丹青里的一笔一画、手机和电脑里的芯片……都有矿物的身影。请问：古装剧中的"银针试毒"真的靠谱吗？石头可以用来做衣服吗？蓝宝石一定是蓝色吗？

究竟什么是矿物？矿物是地壳中的化学元素在地质作用下发生运移、聚集而形成的自然产物。它们或以游离态存在形成单质，如金、银、铜等自然元素，或按一定的元素排列组合方式形成化合物，如石英、云母、长石等。根据矿物的化学成分和晶体结构，矿物可分为自然元素、硫化物及其类似化合物、氧化物和氢氧化物、含氧盐以及卤化物5个大类。据国际矿物学会（IMA）发布的矿物清单，截至2024年7月，已发现矿物6062种。

本馆藏品规模达万余件，数量丰富、种类齐全，极具科学性、科普性与观赏性。接下来，让我们翻开这本书，一起走进浙江省地质博物馆美丽的矿物"视界"，倾听矿物的声音，解开心中的疑惑，感受大自然的神奇与魅力！

一、自然元素大类

自然元素大类主要以单质形式存在，约占地壳总质量的0.1%，对国民经济发展具有重要意义。

该大类矿物可进一步分为金属元素矿物、非金属元素矿物、半金属元素矿物3类。金属元素矿物一般表现出金属光泽，具有不透明、硬度低、相对密度大、延展性强、导电导热性能好等金属特性，晶体以粒状、板状，或树枝状、片状、块状等集合体形态产出，如自然金、自然银、自然铜等。非金属元素矿物一般晶形好、透明度高，如金刚石、自然硫等。半金属元素矿物的物理性质介于金属与非金属元素矿物之间，单晶少见，一般以粒状集合体产出，如自然砷、自然锑、自然铋等。

第一章
馆藏精品矿物篇

硬通货——自然金

矿物档案

馆藏编号：000191（B00185）
名称：自然金
英文名：Gold
化学成分：Au
产地：澳大利亚
尺寸：10cm×4cm×3cm

矿物物语

"点石成金""男儿膝下有黄金""是金子走到哪里都会发光"，从这些成语和俗语中不难看出人们对于黄金的重视。金，色泽金黄，化学性质稳定、延展性强，易于锻造成材，是制造首饰配件的绝佳选择。不仅如此，黄金的储量也是衡量国家经济实力的重要指标，这使得黄金成为世界货币的"硬通货"！

自然金几乎是金元素的唯一来源，自然金的形成与热液作用密不可分，如浙江省大型多金属矿床——遂昌金矿就是一处典型的热液矿床。因其地质成因典型、金储量丰富、开采历史悠久，已将其建成为一座国家级矿山公园。

银针验毒——自然银

矿物档案

馆藏编号：000092（B00092）
名称：自然银
英文名：Silver
化学成分：Ag
产地：美国
尺寸：10cm×3cm×10cm

矿物物语

  银白色的自然银常以树枝状形成于中、低温热液矿床中。想象着漫天雪花飘落，顷刻间已将整个天际染成一片雪白，那被"银装"素裹的树枝，成为冬日里最动人的赞歌！

  银的化学性质活泼，表面易氧化呈灰黑色，这一现象被应用在很多古装剧里，那么"银针变黑，有毒！"这句话真的靠谱吗？殊不知，银压根不会与毒药里的砒霜（As_2O_3）反应，这究竟怎么回事？

  由于古代提纯工艺落后，砒霜中多含硫及硫化物等杂质，"银针变黑"实际上是银与砒霜中的硫元素发生了化学反应，并生成黑色沉积物硫化银（Ag_2S）。因此，"银针变黑，有毒！"并不靠谱。银虽不能验毒，但银的硫化反应，也从侧面说明银离子具强氧化性，这种强氧化性使其有着超强的杀菌、消毒作用，从而被广泛应用于医药学领域。

文明使者——自然铜

【矿物档案】

馆藏编号：000905（B00352）
名　　称：自然铜
英 文 名：Copper
化学成分：Cu
产　　地：中国江西
尺　　寸：27cm×16cm×26cm

【矿物物语】

　　紫红色为自然铜最本真的颜色，部分因氧化表面呈现出棕黑色或绿色。以树枝状集合体形态产出的自然铜，仿佛正张开五指向我们招手示意。

　　铜在地壳中的含量仅占 0.01% 左右，却是人类最早应用的金属之一，对早期人类文明的进步影响深远。我国早在商周时期就开始以铜为原料并加入锡或铅制成铜合金，创造了一个璀璨夺目的"青铜时代"。

首饰拍档——自然铂

矿物档案

馆藏编号：000447（B00242）
名称：自然铂
英文名：Platinum
化学成分：Pt
产地：俄罗斯
尺寸：0.5cm×0.5cm×0.4cm

矿物物语

　　自然铂常呈暗的钢灰色，粒状，主要产在辉长岩、纯橄榄岩等基性和超基性岩浆岩中，是一种过渡型贵金属元素。
　　铂拥有光感十足、天然纯白的独特外观，并具有良好的延展性，常被用于珠宝首饰镶嵌中。工业上利用铂的高度化学稳定性和难熔性，将其制成性能优越的特种合金，被广泛应用于火箭、导弹、宇航服、人造卫星等国防、航空领域。

第一章
馆藏精品矿物篇

○ 铮铮铁骨——自然铁

矿物档案

馆藏编号：000446（B00241）
名称：自然铁
英文名：Iron
化学成分：Fe
产地：俄罗斯
尺寸：15cm×7cm×7cm

矿物物语

钢灰色的自然铁，呈致密点状分布在岩石孔隙中，新鲜断面反射出强烈的金属光泽。岩块巍然伫立，铁骨铮铮，铭记着脚下这片大地亿万年的变迁。

铁陨石中的镍纹石呈亮白色，铁纹石呈暗灰色。

自然界产出的单质铁分布极少，一般只存在于玄武岩当中，绝大多数铁元素以化合物的形式出现，如黄铁矿、赤铁矿等。此外，还可以在"天外来客"——陨石中找到它的身影，尤其是铁陨石中亮白色的镍纹石与暗灰色的铁纹石纵横交错分布，形成一种独特的**维斯台登结构**，这种结构需要百万年甚至亿年的时间缓慢冷却才能形成，极具观赏和科研价值。

7

火山柠檬——自然硫

【矿物档案】

馆藏编号：000781（B00318）
名称：自然硫
英文名：Sulfur
化学成分：S
产地：美国
尺寸：25cm×12cm×23cm

【矿物物语】

　　自然硫，常呈双锥状形成于火山口和温泉附近。一粒粒清爽自然、光泽亮丽的黄色小晶体铺洒在白色方解石基岩上，让人不禁联想起炎炎盛夏里那一碗柠檬冰沙，瞬间清凉解暑。

　　与柠檬不同的是，自然硫可不"酸"。它怕火、易燃，燃烧时呈现蓝紫色火焰，并散发出刺鼻的硫磺味（SO_2的味道）。工业上，自然硫主要用于制造硫酸，以及生产肥料、造纸等领域。

第一章
馆藏精品矿物篇

永恒之石——金刚石

矿物档案

馆藏编号：000342（E00080）
名称：金刚石
英文名：Diamond
化学成分：C
产地：澳大利亚
尺寸：12cm×10cm×7cm

钻石在这里哦！

矿物物语

这颗略带黄色调的金刚石被牢牢镶嵌在金伯利岩中，只稍稍显露其高贵的八面体侧脸，而脸上的溶蚀凹坑更是其历经高温高压洗礼后的荣誉奖章，如今以殿堂级别的金刚光泽傲视群芳！

作为"碳氏家族的大哥"，金刚石中的碳原子以强共价键相连，搭建起最紧密的四面体堆积结构，这也造就了其超高的摩氏硬度（10），直接问鼎自然界已知矿物中最硬的天然矿物。**"没有金刚钻，别揽瓷器活"**，金刚石常被制成研磨、篆刻等工业用具。**"钻石恒久远，一颗永流传"**，宝石级金刚石——钻石，位居世界五大珍贵宝石之首，象征着永恒坚固的爱情。

笔中铅——石墨

矿物档案

馆藏编号：000070（B00070）
名称：石墨
英文名：Graphite
化学成分：C
产地：中国山西
尺寸：5cm×8cm×12cm

矿物物语

同为"碳氏家族"成员，皮肤黝黑、质软污手的石墨根本不好意思和美丽闪耀、坚硬时尚的大哥——钻石称兄道弟。好在石墨不甘落寞，努力让自己成为可用之才。

远在旧石器时代，人类就用石墨在石板上或洞壁中刻画来记录生活。如今石墨更是工业应用中的多面手，如制作润滑剂、锂电池、高温电炉等，在散热、密封、防辐射材料等应用方面也担任着重要角色。此外，用石墨做的铅笔芯还是陪伴小朋友们书写绘画的好伙伴。**要记住，藏在铅笔芯里的矿物是石墨不是铅哦！**

二、硫化物及其类似化合物大类

　　硫化物及其类似化合物大类是指由金属元素、半金属元素与硫（S）、硒（Se）、碲（Te）、砷（As）等相结合形成的化合物，约占地壳总质量的0.15%，是工业上有色金属、稀有金属和分散元素矿产的重要来源。

　　按照阴离子或络阴离子类型不同可分为简单硫化物、复硫化物以及硫盐3类。简单硫化物成分简单，常出现对称程度高的形态，如闪锌矿、方铅矿等；复硫化物矿物晶形好，如黄铁矿、毒砂等；硫盐组分复杂，对称程度低，如车轮矿等。

铠甲战士——方铅矿

矿物档案

馆藏编号：000096（B00096）
名称：方铅矿
英文名：Galena
化学成分：PbS
产地：美国
尺寸：13cm×8cm×12cm

矿物物语

方铅矿，铅和硫以1∶1等额配比，形成了对称性极高的立方体架构，正如其名——铅灰色的小方块。规则的立方体经过有序叠加垒高、拼装组合后，形成了一款非常适合素描初学者临摹的矿物模型，黑白灰三大调性及其明暗深浅变化在金属光泽的反射下得到了充分体现。

一些结晶粗大的方铅矿也被称为"草节铅"，是人类最早开采的矿石之一，药用铅就由方铅矿炼出，具有杀虫、解毒等作用，而含银的方铅矿更是提炼银的重要原料。如今，汽车、电动车行业的加速发展都离不开铅酸电池的助能。此外，铅的原子序数和密度都比较高，能有效屏蔽辐射，使其成为放射医疗界的"铠甲战士"。

闪耀之石——闪锌矿

矿物档案

馆藏编号：000063（B00063）
名　　称：铁闪锌矿
英 文 名：Marmatite
化学成分：(Zn，Fe)S
产　　地：中国广西
尺　　寸：8cm×7cm×6cm

矿物档案

馆藏编号：000095（B00095）
名　　称：闪锌矿
英 文 名：Sphalerite
化学成分：ZnS
产　　地：中国湖南
尺　　寸：20cm×11cm×9cm

矿物物语

纯净的闪锌矿近于无色，但晶体结构中的锌（Zn^{2+}）常常会被杂质铁（Fe^{2+}）"鸠占鹊巢"，并随着含铁量的增加而呈现出浅黄色、黄褐色、棕色甚至暗黑色，透明度也逐渐由透明、半透明降低至不透明，光泽由金刚光泽、树脂光泽变至半金属光泽。可以说，铁的占比直接掌控了闪锌矿的命运。

闪锌矿多以四面体、菱形十二面体，或粒状集合体形态产出，形成于各种热液成因矿床中，常常与方铅矿相伴相生，是分布最广的锌矿物，可用于提炼锌制造锌合金。发育良好的闪锌矿单晶还可用作紫外半导体激光材料。值得一提的是，闪锌矿具有较高的折射率（2.37），色散值高达0.156，是钻石（0.044）的3倍，一些色彩瑰丽、晶莹剔透的闪锌矿被加工成刻面宝石后，有着比钻石还耀眼的火彩。

黄金伪装者——黄铜矿

矿物档案

馆藏编号：000110（B00110）
名称：黄铜矿
英文名：Chalcopyrite
化学成分：$CuFeS_2$
产地：中国贵州
尺寸：18cm×13cm×5cm

矿物物语

　　黄铜色的黄铜矿以致密块状与片状菱铁矿共同产出，保存状态完好，少见因自然氧化形成的斑状锈色。在野外，金光闪闪的黄铜矿与黄铁矿一样，因外观酷似自然金，也被称为"愚人金"。**"不是所有闪光的东西，都是金子。"** 莎士比亚早已从哲学的角度为我们解释了这个有趣的自然现象。当然，我们也可以根据其稍高的硬度、绿黑色条痕以及锈色等矿物特征轻松鉴定"真假黄金"。

炼丹原料——辰砂（朱砂）

【矿物档案】

馆藏编号：000045（B00045）
名称：辰砂（朱砂）
英文名：Cinnabar
化学成分：HgS
产地：中国湖南
尺寸：5cm×7cm×8cm

【矿物物语】

  自然界红色的宝石矿物有很多，但辰砂以一抹纯正的绯红色热辣出圈，鲜艳透亮的外观可达金刚光泽，魅力绝不亚于珍贵的高档宝石。红色的辰砂常与白云石伴生，属于典型的低温热液矿物，前者鲜艳醒目，后者纯白内敛，一红一白，交相辉映，成为最佳合作拍档。

  辰砂是中国古代炼丹术的重要原料，陪伴着人类走过绚烂多彩的文明史。早在新石器时代，人们就已经将辰砂磨成粉末，制成颜料用于作画，这些岩画历经千年仍色泽艳丽。古代皇帝还常常将辰砂（朱砂）制成红墨水，用以书写批文，"朱批"一词由此而来。产于浙江昌化的鸡血石，正因含有"血色浓艳"的辰砂，而摘得"印石皇后"桂冠。

根根分明——辉锑矿

【矿物档案】

馆藏编号：000133（B00133）
名称：辉锑矿
英文名：Stibnite
化学成分：Sb_2S_3
产地：中国湖南
尺寸：37cm×25cm×26cm

【矿物物语】

　　铅灰色的辉锑矿，凭借其又细又长的独特形态，在矿物收藏界中脱颖而出，备受瞩目。它细长的结晶体呈放射状密集生长，根根清晰、别具一格，而柱面上纵向的生长条纹以及顶尖上的小锥面成为其标识性特征。

　　中国是世界上最主要的产锑国，位于湖南冷水江市锡矿山的大型辉锑矿床举世闻名。辉锑矿含锑量很高，是提炼锑的重要矿物原料，常用于制造安全火柴、颜料锑白以及国防用的特种合金。

第一章
馆藏精品矿物篇

鸳鸯矿物——雌黄、雄黄

【矿物档案】

馆藏编号：000094（B00094）
名称：雌黄、雄黄
英文名：Orpiment、Realgar
化学成分：As_2S_3、As_4S_4
产地：中国湖南
尺寸：33cm×28cm×18cm

【矿物档案】

馆藏编号：000477（B00272）
名称：雄黄、雌黄
英文名：Realgar、Orpiment
化学成分：As_4S_4、As_2S_3
产地：中国湖南
尺寸：15cm×7cm×10cm

【矿物物语】

橘红色的雄黄（As_4S_4）与黄色的雌黄（As_2S_3）总是相生相伴、形影不离，因此有"**鸳鸯矿物**"之称，我们常常能在低温热液矿床或硫质火山喷气孔内发现它们的身影。"夫妻俩"生活久了，就连化学分子式都十分相似，同属于含砷的硫化物，加热敲击后还会释放出强烈的蒜臭味，实乃"臭味相投"也。

雄黄有解毒的功效，每年农历五月五，五毒出没，时疫频发，故民间流传着端午节喝雄黄酒的习俗。而雌黄则是古代版"涂改液"，据北宋《遁斋闲览》记载："有字误，以雌黄灭之。"因雌黄的颜色与当时写字的纸张颜色相近，所以被用来修改错字，成语"**信口雌黄**"就是这么来的。另外，"夫妻俩"还是重要的矿物颜料，以矿作画，尽展绝美中华色！

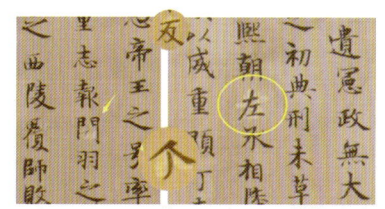
在黄色纸张上涂抹雌黄以覆盖错别字。

17

斑彩之石——斑铜矿

矿物档案

馆藏编号：000804（B00341）

名称：斑铜矿

英文名：Bornite

化学成分：Cu_5FeS_4

产地：中国江西

尺寸：25cm×11cm×22cm

矿物物语

  物如其名，五彩斑斓的外观是斑铜矿最大的特征。"新鲜"的斑铜矿为铜红色，暴露于空气后，表面易氧化形成非常薄的氧化膜，光线经薄膜干涉作用后会呈现出蓝、紫斑状的锈色，该呈色机理与色彩斑斓的肥皂泡的呈色机理相同。

  斑铜矿是一种含铜和铁的硫化物，常呈致密块状产于铜矿床氧化带中，并与自然铜、孔雀石、黄铜矿等矿物共生。

第一章
馆藏精品矿物篇

愚人金——黄铁矿

矿物档案

馆藏编号：000048（B00048）
名称：黄铁矿
英文名：Pyrite
化学成分：FeS_2
产地：中国湖南
尺寸：17cm×13cm×5cm

矿物物语

  金灿灿、亮晃晃、沉甸甸的黄铁矿，外号"**愚人金**"，与黄铜矿一样，常被人误以为是价值不菲的"黄金"，尤其在白色小水晶的簇拥下，显得格外闪耀夺目。黄铁矿有别于黄金的不规则形状，它在自然界就能自发生长成面平棱直、高度对称的立方体方块，标准得就像机器切割出来的一样。当热液环境的温度升高时，黄铁矿还会转变成五角十二面体、八面体等形态，可作为成矿环境评判的重要依据，是一种典型的标型矿物。

  黄铁矿，虽顶着"铁矿"大名，但名不副实。这是因为黄铁矿中的铁利用率低、品位差，难堪大用，硫元素便"反客为主"在工业领域强势破圈，使其成为制造硫酸、提炼硫磺的主要矿物原料。

立方体形态的黄铁矿

五角十二面体形态的黄铁矿

八面体形态的黄铁矿

鼻尖上的矿物——毒砂

矿物档案

馆藏编号：000170（B00170）
名称：毒砂
英文名：Arsenopyrite
化学成分：FeAsS
产地：中国内蒙古
尺寸：18cm×10cm×9cm

矿物物语

毒砂（FeAsS），顾名思义，一听就是一块有"毒"的石头，其含砷量高达46%以上，是制取"毒药之王"——砒霜（As_2O_3）的重要原料，过去也叫它"砒石"。若用锤子敲打，它还会释放出一股蒜臭味，被形象地称为"鼻尖上的矿物"。

此外，毒砂还是金矿床的典型标型矿物之一，它的出现往往预示着黄金的存在哦！

长得像车轮的矿物——车轮矿

矿物档案

馆藏编号：000208（B00200）
名称：车轮矿
英文名：Bournonite
化学成分：$PbCuSbS_3$
产地：中国湖南
尺寸：20cm×18cm×12cm

矿物物语

车轮矿常发育一种极具特色的"轮式"双晶，因外观形似车轮而得名。钢灰色的金属质感映射在透明的水晶柱上更显明亮有力。

车轮矿形成于低温热液环境，广泛生长在铅锌矿床和铜铅锌矿床中，国内仅湖南、内蒙古一带产出。馆藏标本来自著名的湖南郴州瑶岗仙矿区，车轮矿矿晶个头粗大、色泽俱佳，极具美学观赏价值，为收藏界热门矿物品种之一。

三、氧化物和氢氧化物大类

氧化物和氢氧化物大类是指金属阳离子与氧离子（O^{2-}）或氢氧根离子（OH^-）结合而成的化合物，约占地壳总质量的17%，是重要的宝玉石原料和工业材料。

氧化物常形成完好的晶形，具有较高的硬度，如石英、刚玉、金绿宝石、尖晶石等。氢氧化物矿物多呈板状、针状等，硬度显著下降，可发育一组完全至极完全解理，如水镁石等。

水晶王国——石英

矿物物语

石英族矿物堪称宝玉石界的"名门望族",其家族成员中不乏各行各业的精英能手,世代人才济济。纯净透明的无色石英可称为水晶,但因含杂质元素、包裹体或色心等可呈各种颜色,形成紫水晶、粉水晶、黄水晶、绿水晶、发晶、烟晶等重要品种;此外,还有具隐晶质结构的玉髓、玛瑙等石英质玉石。

早在远古时期,以石英为主要成分的燧石成为人类取火、打猎的重要工具。而当代,以石英砂为原料制取的高纯度单晶硅,是制造手机、电脑芯片不可或缺的重要原材料。石英因其硬度高达7,常被用作工业磨料。家族中多彩绚丽的水晶系列更是珠宝首饰圈的时尚宠儿。

矿物档案

馆藏编号:000022(B00022)
名称:水晶
英文名:Crystal
化学成分:SiO_2
产地:中国四川
尺寸:18cm×9cm×4cm

如水一般澄澈透明的无色石英,也被我们称为水晶,是水晶系列中的冰清美人。

矿物档案

馆藏编号：000776（B00313）
名称：紫水晶
英文名：Amethyst
化学成分：SiO_2
产地：墨西哥
尺寸：33.5cm×21cm×13.5cm

微量的铁元素让紫水晶拥有了神秘而高贵的紫色调，成为水晶王国中最受欢迎的一员。

矿物档案

馆藏编号：000033（B00033）
名称：粉水晶
英文名：Rose quartz
化学成分：SiO_2
产地：马达加斯加
尺寸：7cm×8cm×10cm

粉水晶一看就让人联想到红扑扑的小脸蛋儿，一脸娇羞惹人爱。

早期研究认为粉水晶的颜色主要由内部针状、纤维状金红石包裹体导致，但近年来的研究测试指示，该包裹体很可能为粉色的蓝线石。

第一章
馆藏精品矿物篇

矿物档案

馆藏编号：000286（E00056）
名称：黄水晶（刻面）
英文名：Citrine(facet)
化学成分：SiO_2
产地：巴西
质量：202.56ct

黄水晶在自然界产出较少，珠宝市场的黄水晶多数由紫水晶改色处理而成。

据国际矿物学会（IMA）/紫水晶在热处理和紫外线照射下的颜色变化。

矿物档案

馆藏编号：000461（B00256）
名称：发晶（钛晶）
英文名：Rutilated quartz
化学成分：SiO_2
产地：巴西
尺寸：14cm×12cm×10cm

包裹在水晶里的纤维状金红石（二氧化钛），如发丝般闪耀着内敛而璀璨的金光。

矿物档案

馆藏编号：000813（B00350）
名称：绿水晶
英文名：Green quartz
化学成分：SiO_2
产地：巴西
尺寸：26cm×18cm×16cm

水晶在生长过程中常常会捕获一些绿色的阳起石包裹体，使其如同幻影般白中透绿，即所谓"绿幽灵"。

矿物档案

馆藏编号：000809（B00346）
名称：烟晶
英文名：Cairngorm
化学成分：SiO_2
产地：福建
尺寸：33cm×15cm×28cm

经天然辐射形成的烟晶，呈现出烟雾般的深褐色。

第一章
馆藏精品矿物篇

姐妹宝石——红宝石、蓝宝石

矿物物语

老婆饼里有老婆吗？夫妻肺片里有夫妻吗？很多人认为红宝石是红色的，则蓝宝石一定是蓝色的！

其实并非如此。我们所熟知的红宝石和蓝宝石都属于刚玉族矿物，化学成分均为 Al_2O_3，也被称为"**姐妹宝石**"。纯净的刚玉为无色，因微量元素的混入使其颜色变得丰富多样，属典型的它色矿物。当含铬元素时可呈红色，当含铁、钛、铬、钴等致色离子时可呈蓝色、黄色、粉色、紫色、黑色等。**国际上规定，除了红色者称为红宝石外，无色、蓝色等其他颜色的刚玉族宝石均统称为蓝宝石。**所以，蓝宝石不都是蓝色的哦！

刚玉通常呈腰鼓状、柱状、板状等晶形，形成于岩浆作用、接触变质作用和区域变质作用过程中，并因此练就出一身本领。它不仅拥有稳定的化学性质，而且具有靓丽的光泽，这种光泽可达亮玻璃光泽甚至亚金刚光泽。它的摩氏硬度（9）极高，只稍逊色于金刚石，这使得它成功跻身高档宝石行列。生活与工业中刚玉也常被用作研磨材料和精密仪器轴承。

腕表机芯里的红宝石轴承

矿物档案

馆藏编号：000260（B00354）
名称：红刚玉
英文名：Red corundum
化学成分：Al_2O_3
产地：印度
尺寸：25cm×12cm×15cm

硕大的红刚玉单晶体，完好呈现出六方腰鼓状晶形，因成分中含铬元素呈紫红色。

矿物档案

馆藏编号：000106（B00106）
名　称：红刚玉
英文名：Red corundum
化学成分：Al_2O_3、$Ca_2Al_3[Si_2O_7][SiO_4]O(OH)$
产　地：坦桑尼亚
尺　寸：26cm×10cm×25cm

　　红色刚玉与绿色黝帘石层层叠叠相间分布，一红一绿，相互映衬，红中透绿，绿中泛红，宛若浮翠流丹，层林尽染的美景，又似山巅之上绽放的朵朵"小红花"，尤其绚丽夺目。

矿物档案

馆藏编号：000106（B00106）
名　称：红刚玉
英文名：Red corundum
化学成分：Al_2O_3
产　地：坦桑尼亚
尺　寸：28cm×12cm×16cm

　　硕大规整的六边形红色刚玉，如同一枚印章印刻在黝帘石之上，强烈的红绿撞色搭配，形成了一款极具辨识度的矿物组合。

第一章
馆藏精品矿物篇

绝地武士——尖晶石

矿物档案

馆藏编号：00755（B00292）
名称：尖晶石
英文名：Spinel
化学成分：$MgAl_2O_4$
产地：越南
尺寸：5.9cm×5.9cm×4.4cm

矿物物语

  这是一种天生自带尖角的晶体，标准的八面体形态就像两座金字塔稳稳站立。尖晶石因艳丽的红色外观常常被误认为是红宝石，但二者的化学成分存在差异。最著名的乌龙事件莫过于"黑王子红宝石"，这颗"红宝石"于14世纪被镶嵌在大英帝国皇冠上，其实是一颗尖晶石。直到近现代尖晶石才终结了"红宝石替身"的身份，如今的它在"绝地武士"（一种顶级红色尖晶石品种）的带领下重新定义，在珠宝界拥有了属于尖晶石的一席之地。

皇冠上的"黑王子红宝石"，其实是颗尖晶石。

猫眼矿物——猫眼

矿物档案

馆藏编号：000269（E00039）
名称：猫眼
英文名：Cat's eye
化学成分：$BeAl_2O_4$
产地：斯里兰卡
质量：5.52ct

矿物物语

猫眼，属于金绿宝石矿物族中的重要变种，为世界五大珍贵宝石之一，拥有神奇的猫眼效应。随着光线转动宝石，在弧面顶端的位置会看到一条张开又闭合的乳白色光带，光带的两边一半为蜜黄色，一半为褐色，宛若明亮而灵动的猫眼睛，栩栩如生。

特别说明：目前"猫眼"这一名词为金绿宝石专有，而其他具猫眼效应的宝石命名时都必须注明矿物种，如碧玺猫眼、磷灰石猫眼、夕线石猫眼等。

第一章
馆藏精品矿物篇

大地指南针——磁铁矿

矿物档案

馆藏编号：00080（B00080）
名称：磁铁矿
英文名：Magnetite
化学成分：Fe_3O_4
产地：中国内蒙古
尺寸：6cm×7cm×10cm

矿物物语

铁黑色的磁铁矿，属等轴晶系的氧化物，能形成对称性极高的菱形十二面体晶体形态，由12个大小等同的菱形构成。

磁铁矿是一种含二价铁离子和三价铁离子的氧化物，号称是自然界磁性最强的天然矿物，在古代也称"磁石"，我国古代四大发明之一的指南针"司南"，就是利用磁铁矿的强磁性制成的。

古代指南针——司南

防火衣——水镁石

「矿物档案」

馆藏编号：000423（B00237）
名称：水镁石
英文名：Brucite
化学成分：$Mg(OH)_2$
产地：巴基斯坦
尺寸：18cm×11cm×11cm

「矿物物语」

  纯净的水镁矿为白色、灰白色，当有 Fe、Mn 杂质混入时呈现出少见的黄色，颜色透亮，层理清晰，细细的薄片层层堆叠成粒粒小球，平整的解理面反射着柔和的珍珠光泽。

  水镁石是一种典型的低温热液蚀变矿物，常形成于蛇纹岩或白云岩中，当镁离子与氢氧根相遇结合，便形成以氢键相连的层状结构，这也导致它主要以板状形态出现并发育极完全解理。另外，纤维状的水镁石还是制作"防火衣"的绝佳岩矿材料，无需水洗，脏了往火里一烧，便能亮洁如新。这是因为当温度达到340℃左右时，水镁石中的结构水就会被脱去，同时释放水蒸气，并生成具较高活性和耐热性的氧化镁，从而自带洗衣去污功能。

四、含氧盐大类

含氧盐是各种含氧酸根的络阴离子与金属阳离子所组成的盐类化合物，是分布最广、最常见的一大类矿物。

根据络阴离子种类的不同可分硅酸盐、碳酸盐、硫酸盐、磷酸盐、钼酸盐等。此类矿物通常表现为玻璃光泽，因不导电，导热性能差，被广泛应用于化工、建材、陶瓷、冶金等各种工业生产中。

舌尖上的水果宝石——石榴子石

【矿物物语】

石榴子石是一种常见的硅酸盐矿物，更是当之无愧的水果宝石明星，深受大众喜爱。因石榴子石晶体与水果石榴籽的形状、颜色非常相似，故取名"石榴子石"。**石榴子石是我正儿八经的矿物名称，生活中人们喜欢叫我小名"石榴石"。**

石榴子石受类质同象影响，化学成分复杂，颜色极为丰富，如镁铝榴石和铁铝榴石经常"混合双打"，褐色、红色、紫色自由调色，有时在金红石包裹体的助攻下还能形成四射或六射星光效应；主打绿色系的铬钒钙铝榴石（沙弗莱石）具有很高的收藏价值，可与祖母绿媲美；出生于俄罗斯的钙铁榴石（翠榴石）因常含马尾状包裹体而别具特色。另外，橘黄色的锰铝榴石（芬达石）与芬达饮料意外"撞色"，成为家族中的出色成员。

自然界产出的石榴子石颜色美、晶形好，常发育成菱形十二面体、四角三八面体或二者聚形，较高的硬度和较好的耐磨性使之成为重要的宝石原料。

【矿物档案】

馆藏编号：000757（B00294）
名称：镁铝-铁铝榴石
英文名：Pyrope–Almandine
化学成分：$Mg_3Al_2[SiO_4]_3$-$Fe_3Al_2[SiO_4]_3$
产地：意大利
尺寸：23cm×13cm×13cm

一颗颗透亮红润的"石榴籽"紧凑排列长满了整块基岩，像极了一个被剥掉外皮的大石榴，饱满多汁、果香四溢，让人垂涎欲滴，得名"石榴子石"实至名归。

星星之火——石榴子石中的金红石包裹体呈放射状分布。

第一章
馆藏精品矿物篇

矿物档案

馆藏编号：000791（B00328）
名称：钙铁榴石（翠榴石）
英文名：Andradite
化学成分：$Ca_3Fe_2(SiO_4)_3$
产地：马达加斯加
尺寸：17cm×14cm×8cm

石榴子石家族中的一抹"高级绿"——翠榴石，具高折射率、高色散值，闪烁着迷人的火彩。

矿物档案

馆藏编号：000801（B00338）
名称：锰铝榴石（芬达石）
英文名：Spessartite
化学成分：$Mn_3Al_2(SiO_4)_3$
产地：中国福建
尺寸：18cm×10cm×14cm

自带"橘子味"的芬达石一身果色，非常喜欢和烟灰色的水晶做伴。

矿物档案

馆藏编号：000008（B00008）
名　称：石榴子石
英文名：Garnet
化学成分：$A_3B_2[SiO_4]_3$，
　　　　　A 为二价阳离子，
　　　　　B 为三价阳离子。
产地：中国内蒙古
尺寸：18cm×13cm×7cm

　　12个大小完全相同的菱形经几何拼装后，完美地展现出石榴子石具高度对称的等轴晶系晶形——菱形十二面体。

二硬石——蓝晶石

矿物档案

馆藏编号：000152（B00152）
名称：蓝晶石
英文名：Kyanite
化学成分：$Al_2[SiO_4]O$
产地：巴西
尺寸：42mm×36mm×28mm

矿物物语

　　白色的石英岩里孕育出片片扁平状的蓝晶石晶体，像一把把利剑直指云霄，尽显锋芒；而永不过时的蓝白色调，又为其增添了一种独特的美感。

　　蓝晶石还有一个有趣的名字——二硬石，顾名思义，同一个晶体拥有两种硬度：平行于晶体延长方向硬度的只有4.5，而垂直于晶体延长方向硬度则可达7，表现出显著的异向性。蓝晶石属于典型的区域变质矿物，抗腐蚀、耐高温、热膨胀系数大，是一种优越的高级耐火材料和高强度轻质硅铝合金材料。

枕下瑰宝——电气石（碧玺）

矿物档案

馆藏编号：000395（E00131）
名称：电气石（碧玺）
英文名：Tourmaline
化学成分：$Na(Mg,Fe,Mn,Li,Al)_3Al_6[Si_6O_{18}][BO_3]_3(OH,F)_4$
产地：阿富汗
质量：26.05ct

矿物物语

电气石（碧玺）是一种化学成分非常复杂的硼硅酸盐矿物，其颜色也丰富多变，可呈红色、绿色、黄色、紫色、蓝色、黑色以及无色等，甚至常常能在一个晶体上出现多种颜色，形成多色碧玺。

同时，电气石具有热电性和压电性，能产生微电流，促进人体血液循环，有着抗氧化、防衰老的功效，爱美重养生的清朝慈禧太后更是它的忠实粉丝，据说就连睡觉都把它放在枕头底下。

如此漂亮的自然瑰宝我们如何鉴定呢？ 碧玺，严格遵循结晶矿物学规律，属三方晶系，晶体呈三方柱状，且柱面带有很深的生长条纹（指腹轻轻触摸即可感受到），俯视锥面可见凸起的三角形，根据以上3个外观特征可轻松鉴定碧玺原石。

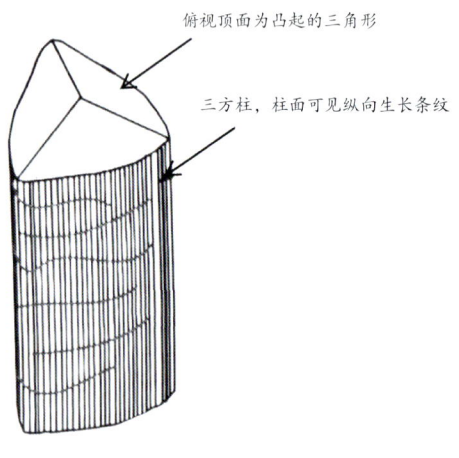

碧玺晶体素描图

长石族的佼佼者——天河石

【矿物档案】

馆藏编号：000769（B00306）
名称：天河石
英文名：Amazonite
化学成分：$K[AlSi_3O_8]$
产地：美国
尺寸：20cm×15cm×6cm

【矿物物语】

　　天河石是长石大家族的重要一员，是微斜长石的蓝绿色变种。它因内部双晶结构形成一种独特的蓝绿色网格状纹理，转动矿晶时，解理面上可见闪光，外观特征与翡翠十分相似。这里要提醒大家，购买翡翠时要谨防不良商家鱼目混珠。天河石的利用历史已有千年，早在新石器时期，人类就已经将天河石打磨成首饰来装点生活。

出土于红山文化中的天河石太阳神

完璧归赵——拉长石

【矿物档案】

馆藏编号：000456（B00251）
名称：拉长石
英文名：Labradorite
化学成分：$(Ca,Na)[(Al,Si)_3O_8]$
产地：马达加斯加
尺寸：20cm×10cm×20cm

【矿物物语】

　　拉长石是长石族斜长石里的一种，当光线照射在宝石表面时，因其内部的聚片双晶薄层对光发生干涉作用，会产生红色、黄色、蓝色、绿色等彩虹般的晕彩现象，故又称光谱石。

　　关于**完璧归赵**的历史典故大家一定很熟悉，传说中的和氏璧"侧而视之色碧，正而视之色白"，这与拉长石在不同角度下颜色发生变化的特征相同，且在湖北曾发现过拉长石，所以据专家学者推测，和氏璧很有可能为拉长石。虽然和氏璧早已失传，但关于它的故事至今影响深远。

第一章
馆藏精品矿物篇

岩石"兄弟"——鱼眼石、沸石

【矿物档案】

馆藏编号：000465（B00260）
名称：鱼眼石、辉沸石
英文名：Apophyllite、Stilbite
化学成分：$KCa_4Si_8O_{20}(F,OH)·8H_2O$、
$NaCa_2Al_5Si_3O_{36}·14H_2O$
产地：印度
尺寸：24cm×24cm×13cm

【矿物物语】

鱼眼石常常与沸石共生在一块儿，是一对生长在火山岩中的"好兄弟"。

"鱼眼石" 因其解理面上散射出的光线呈珍珠光泽，酷似鱼眼的反射色而得名。方方正正、晶莹剔透的鱼眼石常呈四方柱状产出，有着清新淡雅的绿色调，是一种极具观赏和收藏价值的矿物品种。

而它的好兄弟 **"沸石"**，不耐高温，一经加热便如开水般沸腾，故而得名。丰富的孔腔结构是沸石最大的特征，一方面有利于储水蓄水，可用来干燥空气；另一方面水的逸出并不破坏其晶体结构，是天然的分子筛，可用于过滤气体、净化石油、处理工业污染等。

珠宝世家——绿柱石矿物

矿物物语

绿柱石族矿物可谓名副其实的珠宝世家，大哥祖母绿成分中因含铬元素呈现出鲜艳的翠绿色，享有"绿宝石之王"的美誉，成为五大贵宝石之一；二哥海蓝宝石拥有海水般的蔚蓝色，这源于成分中微量的二价铁离子；高颜值姐妹花摩根石和红色绿柱石，受锰离子和铬离子影响，分别呈现出一粉一红，既甜美又娇艳。此外，绿柱石还有无色、金色等稀有品种。

自然界中的花岗伟晶岩常常是宝石级绿柱石的藏身之处，它们一个个晶体粗大、结晶完美，常呈脉状、柱状，与石英、云母、长石等伴生矿物成群产出。

矿物档案

馆藏编号：000826（E00193）
名称：祖母绿
英文名：Emerald
化学成分：$Be_3Al_2(SiO_3)_6$
产地：巴基斯坦
尺寸：23cm×15cm×18cm

第一章
馆藏精品矿物篇

【矿物档案】

馆藏编号：000186（E00001）
名称：海蓝宝石
英文名：Aquamarine
化学成分：$Be_3Al_2(SiO_3)_6$
产地：巴基斯坦
尺寸：23cm×15cm×18cm

【矿物档案】

馆藏编号：000829（E00196）
名称：摩根石
英文名：Morganite
化学成分：$Be_3Al_2(SiO_3)_6$
产地：阿富汗
尺寸：21cm×15cm×8cm

【矿物档案】

馆藏编号：000198（E00004）
名称：红色绿柱石
英文名：Bixbite
化学成分：$Be_3Al_2(SiO_3)_6$
产地：美国
尺寸：12cm×9.5cm×2.5cm

古老玉石——青金石

矿物档案

馆藏编号：000378（E00116）
名称：青金石
英文名：Lazurite
化学成分：$(Na,Ca)_8[AlSiO_4]_6[SO_4,S,Cl]_2$
产地：阿富汗
尺寸：30cm×45cm×7cm

矿物物语

青金石多以矿物集合体形式产于接触交代型矽卡岩矿床，主要由青金石、方钠石、蓝方石等组成，并含有黄铁矿、方解石等次要矿物。

"青，取之于蓝，而青于蓝。"青金石以其醒目的靛蓝色为主色调；而与黄铁矿（俗称"愚人金"）的邂逅，恰恰是遇见"金"光洒落的奇妙瞬间；方解石形成的纹脉，似一条条随风摆动的白色飘带，让青金石增添了几分灵动与妙趣。

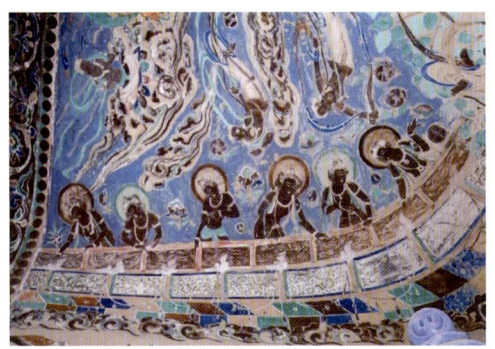

敦煌莫高窟第321窟，用蓝色的青金石打底，表现出天空的曼妙无穷。

青金石不远万里通过"丝绸之路"从阿富汗传入中国，让敦煌莫高窟里的壁画点石成色，溢彩千年！

第一章
馆藏精品矿物篇

蔷薇玫瑰——蔷薇辉石

【矿物档案】

馆藏编号：000175（B00175）
名称：蔷薇辉石
英文名：Rhodonite
化学成分：$(Mn,Fe,Mg,Ca)SiO_3$
产地：秘鲁
尺寸：13cm×4cm×12cm

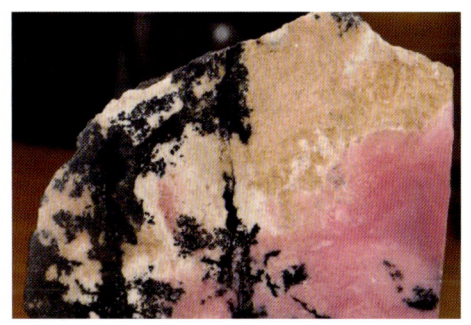

因氧化形成富含碳质的黑色脉纹，形如水墨晕染后的山水画。

【矿物物语】

有一种矿物初次见面，人们便会为之倾倒，它就是蔷薇辉石。"色如蔷薇艳丽，质似美玉无瑕。"当晨曦破晓，红色蔷薇绽放朵朵，繁花似锦、永不凋谢。有的蔷薇辉石表面因氧化会形成黑色脉纹，如水墨晕染后的山水画，同样具有观赏和收藏价值。

值得注意的是，蔷薇辉石不属于辉石族类，而是一种似辉石结构的硅酸盐矿物。

美丽俏佳人——菱锰矿

矿物档案

馆藏编号：000906（B00353）
名称：菱锰矿
英文名：Rhodochrosite
化学成分：$MnCO_3$
产地：美国
尺寸：40cm×11cm×30cm

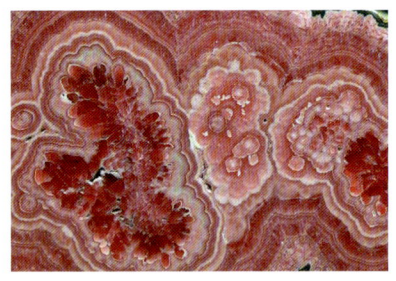

将红纹石对半剖开后可见红白相间分布的圈层状结构。

矿物物语

这块菱锰矿堪称浙江省地质博物馆宝石矿物的门面担当，产自美国科罗拉多州著名矿山"甜蜜之家"，它不仅出身名门，而且天生自带致色基因锰离子 Mn^{2+}，为典型的**自色矿物**。玫瑰般鲜艳的红色、线条分明的菱面体形态，粒粒晶莹剔透，尤其是在水晶、方解石等共生小矿晶的衬托下，魅力胜过美丽的鲜花。

有些菱锰矿还会生长出一圈圈红白相间的纹带，故有**"红纹石"**的别称，著名产地主要有阿根廷、秘鲁等。高颜值的菱锰矿内心却很脆弱，硬度只有3～5，且完全解理，所以佩戴时要小心呵护，避免磕碰哦！

第一章
馆藏精品矿物篇

只此青绿绘江山——孔雀石、蓝铜矿

矿物档案

馆藏编号：000112（B00112）
名　称：孔雀石、蓝铜矿
英文名：Malachite、Azurite
化学成分：$Cu_2(OH)_2CO_3$、$Cu_3(CO_3)_2(OH)_2$
产地：中国云南
尺寸：18cm×11cm×24cm

《千里江山图》中山巅之蓝就取自于蓝铜矿，而山腰的绿色部分则用到的是孔雀石。

矿物物语

孔雀石与蓝铜矿的化学分子式相似，硬度、比重相仿，一前一后伴生于铜的氧化带矿床中，一定条件下还会相互转换，是矿物界一对有名的孪生姐妹花。姐姐孔雀石（石绿）高雅贵气，有着酷似孔雀羽毛般的颜色和纹理，泛着丝绢般的光泽；妹妹蓝铜矿（石青）则深邃庄重，一袭蓝衣女神范十足，姐妹俩一绿一青交相辉映，共绘千里江山卷。

天国之石——天青石

矿物档案

馆藏编号：000479（B00274）
名称：天青石
英文名：Celestite
化学成分：$SrSO_4$
产地：马达加斯加
尺寸：23cm×13cm×17cm

矿物物语

"天青色等烟雨，而我在等你。"

蒙蒙烟雨，天青石仿佛无意间走进了诗情画意的歌词里，拨弄琴弦、曲调情长。天青石的名字源于拉丁语"*caelestis*"，意为天堂，以梦为马，奔赴一场蓝色的星辰大海。

天青石是一种含锶的硫酸盐矿物，主要形成于沉积环境过饱和地下水溶液中，可提炼锶（Sr）用于制作显像管的屏幕、红色焰火和信号弹等。同时，天青石也是一种十分柔软、脆弱且对温度相当敏感的宝石矿物，长时间的阳光暴晒会使她褪色甚至失去色彩，所以要给她做好"防晒"哦！

重量级矿物——重晶石

矿物档案

馆藏编号：000201（B00193）
名称：重晶石
英文名：Barite
化学成分：$BaSO_4$
产地：摩洛哥
尺寸：20cm×15cm×22cm

矿物物语

重晶石是自然界分布最广泛的含钡硫酸盐矿物，与天青石可形成**完全类质同像**，即钡离子和锶离子可以任意比例相互替代。

浅蓝色的长板状晶体，三组近直角相交的完全解理，这些外观特征与天青石极为相似，我们该如何区别呢？

重晶石的相对密度高达4.3～4.5，可谓非金属矿物里的重量级大咖，握在手里沉甸甸的，有种很踏实的感觉！此外利用焰色反应也可轻松区别二者，重晶石燃烧呈绿色火焰，而天青石为红色火焰。如此"重"要的矿物是制作钡餐的主要原料，用于医学消化造影检查，也可磨成细粉制作成钻探用的泥浆加重剂。

验水专家——胆矾

矿物档案

馆藏编号：000770（B00307）
名称：胆矾
英文名：Chalcanthite
化学成分：$CuSO_4·5H_2O$
产地：美国
尺寸：12cm×10cm×4cm

矿物物语

　　因化学分子式为 $CuSO_4·5H_2O$，所以名字非常直接明了——五水硫酸铜，学名胆矾。细长的纤维像一束束蓝绒花，常见于铜的氧化带中，醒目的蓝色成为其标志性特征，让人过目不忘，忍不住想要拥有。胆矾常被制成蓝色矿物颜料，运用于绘画领域。胆矾质脆、易碎，能溶于水，加热失水会变成白色，遇水又能变蓝，所以人们常利用这一特性来检验某些液态有机物中是否含有微量水分。

第一章
馆藏精品矿物篇

○ 广西特产——磷氯铅矿

矿物档案

馆藏编号：000786（B00323）
名称：磷氯铅矿
英文名：Pyromorphite
化学成分：$Pb_5[PO_4]_3Cl$
产地：中国广西
尺寸：40cm×20cm×30cm

矿物物语

从它的名称就知道这是一种含磷、氯、铅元素的磷酸盐矿物。清新的草绿色让人眼前一亮，凑近一瞧，这些小晶体多呈顶部凹陷的六方短柱状，微微半透明，光泽明亮，像极了一个个"小生命"仰着脑袋等待着大自然的雨露馈赠，生机盎然，十分俏皮可爱。

磷氯铅矿为我国广西恭城"特产"，主要形成于铅矿床氧化带中，是地表水中所含的磷酸与铅矿物共同作用形成的产物，可作为地质找矿的重要标志。同时，磷氯铅矿也是一种重要的提炼金属铅的矿物原料。

农作物的好朋友——磷灰石

矿物档案

馆藏编号：000185（B00184）
名称：磷灰石
英文名：Apatite
化学成分：$Ca_5(PO_4)_3(F,Cl,OH)$
产地：加拿大
尺寸：29cm×15cm×13cm

褐红色的六方晶柱，完美展现了磷灰石的天然晶体形态。

矿物档案

馆藏编号：000020（B00020）
名称：磷灰石
英文名：Apatite
化学成分：$Ca_5(PO_4)_3(F,Cl,OH)$
产地：巴西
尺寸：11cm×10cm×8cm

磷灰石以一袭霓虹蓝衣意外"撞脸"帕拉伊巴顶流碧玺，成为最佳平替，尤其是加工成刻面宝石后极具欺骗性！

矿物物语

磷灰石的颜色变化多样，有红褐色、蓝色、黄色、绿色等，在紫外荧光灯下会呈现不同的荧光，加热后还会出现磷光，常被民间误以为是"鬼火"，这其实是白磷（P_3）自燃造成的。

磷灰石属于磷酸盐矿物，因富含磷元素成为制造磷肥的重要原料，是农作物的好朋友。同时，磷灰石也是铈（Ce）、铀（U）、钍（Th）等稀土元素的富集者，助推着国家国防、电子信息等战略性新兴产业的发展。颜色美丽、晶粒粗大的磷灰石还可做宝石，属中档宝石。

第一章
馆藏精品矿物篇

蝴蝶飞飞——钼铅矿

【矿物档案】

馆藏编号：000124（B00124）
名称：钼铅矿
英文名：Wulfenite
化学成分：$Pb[MoO_4]$
产地：摩洛哥
尺寸：18cm×5cm×15cm

【矿物物语】

　　钼铅矿以鲜艳的橘黄色成为矿物界一道靓丽的风景线，因成分里含微量杂质，而略带红色调，薄片状的晶体形似一只只展翅飞舞的蝴蝶，正在享受着飞行的快乐。

　　钼铅矿主要存在于铅锌矿的矿床氧化带中，是提取钼的重要原料。

五、卤化物大类

　　卤化物大类是指氟（F）、氯（Cl）、溴（Br）、碘（I）等卤族元素与金属元素结合而成的化合物。其中 F^- 常与半径较小的阳离子结合形成氟化物，该类化合物熔点和沸点高，溶解度低，如萤石；而 Cl^-、Br^-、I^- 往往与离子半径较大的阳离子结合，形成氯化物、溴化物、碘化物，这些化合物熔点和沸点低，易溶于水，硬度小，如石盐等。

发光精灵——萤石

矿物物语

萤石化学成分虽然简单,却拥有丰富的颜色和多变的外观,成为绚丽多彩的宝石和重要的工业原料。

萤石之美,美于其色。 萤石的颜色多样,可呈无色、绿色、紫色、红色、粉色、蓝色、黄色以及黑色等。萤石的颜色成因也非常复杂,一般认为与稀土元素等杂质混入造成晶格缺陷引起色心致色有关。

萤石之美,美在其形。 萤石的形态多变,常呈立方体、八面体、菱形十二面体或聚形以及粒状、块状集合体等形态,因具完全解理,质地脆软,大部分萤石被直接制成饰品或摆件,完好地保留了其最原始的生长形态,尽展矿物晶体的自然之美。

萤石之美,亦在其用。 发光性(包括荧光和磷光)是萤石最大的特征,尤其是具磷光效应的萤石,常被制成"夜明珠"收藏。此外,萤石作为浙江省特色优势矿产种,还是现代工业提取制备氟元素及其各种化合物的重要原料,如含氟牙膏、空调制冷机、飞机的喷漆液化气、新能源锂电池正极材料等,其用途广泛,已被列入国家战略性矿产名录。

矿物档案

馆藏编号:000129(B00129)
名称:萤石
英文名:Fluorite
化学成分:CaF_2
产地:中国内蒙古
尺寸:25cm×12cm×16cm

无色透明的萤石,因成分纯净在自然界反而少见。萤石属于均质体矿物,具光学各向同性,折射率低,红外线和紫外线投射能力超强,故纯净无色的透明萤石是一种十分宝贵的光学材料,也称光学萤石。

【矿物档案】

馆藏编号：000011（B00011）
名称：绿萤石
英文名：Green fluorite
化学成分：CaF_2
产地：中国浙江
尺寸：35cm×25cm×15cm

　　八面玲珑的绿色萤石，可以说是萤石家族的典型代表，具有鲜艳浓郁的绿色以及棱角分明的八面体形态。

【矿物档案】

馆藏编号：000255（B00222）
名称：绿萤石
英文名：Green fluorite
化学成分：CaF_2
产地：中国河南
尺寸：76cm×50cm×35cm

　　郁郁葱葱的绿色萤石呈浑圆状的花蕾形态产出，像极了菜园里那一团团还沾着晨露的西兰花。

第一章
馆藏精品矿物篇

【矿物档案】

馆藏编号：000012（B00012）
名称：紫萤石
英文名：Purple fluorite
化学成分：CaF_2
产地：中国浙江
尺寸：30cm×30cm×16cm

  颜色艳丽、形态规整的紫色萤石与紫水晶倒是有几分相似。不同于水晶的柱状晶体，萤石为等轴晶系，常发育立方体、八面体，且硬度偏低、光泽稍暗。

【矿物档案】

馆藏编号：000812（B00349）
名称：红萤石
英文名：Red fluorite
化学成分：CaF_2
产地：中国内蒙古
尺寸：28cm×10cm×38cm

  红色萤石呈八面体形态与柱状绿水晶相伴共生。爱美之心，"物"皆有之，一红一绿，竞相争艳，各领风骚。

浙地宝藏
——浙江省地质博物馆馆藏精品图册

【矿物档案】

馆藏编号：000167（B00167）
名　称：蓝萤石
英文名：Blue fluorite
化学成分：CaF_2
产　地：中国福建
尺　寸：26cm×23cm×13cm

　　明朗清透的蓝色小方块，让人情不自禁驻足凝望。

【矿物档案】

馆藏编号：000128（B00128）
名　称：蓝萤石
英文名：Blue fluorite
化学成分：CaF_2
产　地：中国内蒙古
尺　寸：40cm×20cm×30cm

　　深蓝重墨或浅蓝晕开，仅用一笔蓝墨就绘制了一个变幻无穷的世界。

第一章
馆藏精品矿物篇

【矿物档案】

馆藏编号：000811（B00348）

名称：黄萤石

英文名：Yellow fluorite

化学成分：CaF_2

产地：西班牙

尺寸：37cm×30cm×18cm

　　色泽金黄、晶莹剔透的黄色萤石铺满了整个岩块，这不就是藏在记忆里粒粒甘甜的老冰糖吗？

【矿物档案】

馆藏编号：000782（B00218）

名称：黄萤石

英文名：Yellow fluorite

化学成分：CaF_2

产地：中国浙江

尺寸：38cm×30cm×18cm

　　黄色萤石，以片状集合体形态产出，形如一尊飞天雄狮，脚踏圆珠立于祥云之上，威武怒吼之势令人生畏，造型独特、生动逼真。

浙地宝藏
——浙江省地质博物馆馆藏精品图册

【矿物档案】

馆藏编号：000783（B00320）
名　　称：球状萤石
英 文 名：Globular fluorite
化学成分：CaF_2
产　　地：中国福建
尺　　寸：41cm×12cm×30cm

　　球状的绿色萤石被白色方解石包裹，如一颗颗圆滚滚的鸡蛋，仿佛下一秒就要破壳而出，生动可爱。

【矿物档案】

馆藏编号：000782（B00319）
名　　称：双色萤石
英 文 名：Double color fluorite
化学成分：CaF_2
产　　地：中国浙江
尺　　寸：60cm×12cm×30cm

　　萤石不愧是矿物界的调色大师，它以绿色为基底，稍用紫调勾边描棱，使得粒粒萤石线条分明，立体感立即拉满，它们近大远小、错落有致地分布在雪白的石英岩上。这样大胆的配色与独特的构图，共同营造了一个别样的视觉盛宴。

第一章
馆藏精品矿物篇

【矿物档案】

馆藏编号：000702（B00283）
名　称：黄萤石、紫萤石、绿萤石
英文名：Yellow fluorite、Purple fluorite、Green fluorite
化学成分：CaF_2
产　地：中国浙江
尺　寸：35cm×18cm×8cm

　　三色共生萤石，它最大的价值在于完整记录了自己的成长过程，在同一块基岩上依次生长出绿色、紫色、黄色3种不同颜色的萤石晶簇层，分别代表了3次生长周期，实属罕见，极具地学研究和美学观赏价值。

第二章
浙江特色玉石篇

　　石中蕴有无暇美玉。当我们的目光凝聚到脚下的浙江大地时，会发现浙江省虽然占地面积不大，却蕴藏着别具特色的玉石资源。其中，"红点若朱砂"的昌化鸡血石和"清雅逸如君子"的青田叶蜡石作为上等的篆刻、观赏名品，以绝对优势占据了我国"四大印章石"中的两个席位，并多次被作为国礼赠予外国元首，从而蜚声中外。此外，仙都丹玉、松阳七彩玛瑙、泰顺三彩、黄蜡石、萧山红石等浙江特色玉石，凝聚了山岳之精华，它们或被置于案几之上，以方寸之间载道，或被陈设于庭院之中，静守一方天地。

昌化鸡血石

矿物档案

馆藏编号：000211（E00008）
名称：昌化鸡血石
英文名：Changhua chicken-blood stone
矿物组成：地开石、叶蜡石、辰砂等
产地：中国浙江
尺寸：52cm×19cm×42cm

矿物物语

　　昌化鸡血石产于杭州市临安区昌化镇的白垩纪火山岩中，因地开石、叶蜡石矿石中伴生有红色辰砂（HgS），宛如鸡血凝成，故称鸡血石。浙江昌化鸡血石尤以血色鲜活、浑厚为特色，享有"印石皇后"的美誉。

　　作为浙江省地质博物馆镇馆之宝的昌化鸡血石，玉石质地温润、血色浓艳，犹如祥云般呈团块状、浸染状布满了整块石料，浑然天成，实乃天地之造化、自然之精华。

青田叶蜡石

【矿物物语】

青田叶蜡石产于丽水青田白垩纪火山岩中，主要由叶蜡石、地开石、高岭石、伊利石等黏土类矿物组成，质地温润、硬度适中、色彩斑斓，被用作雕刻石、印章石，久负盛名，至今已有1600多年的历史，与福建寿山石、昌化鸡血石、内蒙古巴林石并称为"中国四大名石"。浙江省地质博物馆展出的青田石品种齐全、颜色丰富、别有生趣。

青田叶蜡石

朱砂红方章	封门树枝纹	白垟紫檀
紫檀	青田封门紫檀冻	封门黑白对章
青田封门青	青田黄金条	封门黄金耀三彩
封门菜花黄	灯光冻方章	封门蓝星方章
封门蓝花丁	封门紫罗兰	青田山炮绿

仙都丹玉

矿物档案

馆藏编号：000706（E00149）
名称：仙都丹玉
英文名：Xiandu colored agate
矿物组成：主要为石英
产地：中国浙江
尺寸：40cm×35cm×4cm

矿物物语

仙都丹玉韵味古朴，诉轩辕遗珍之典故。

相传轩辕黄帝曾在缙云仙都铸鼎炼丹，当地的老百姓便把这块炼丹的五色石取名"仙都丹玉"。这是一种隐晶质石英岩玉，肉眼完全看不出颗粒感，质地细腻，红色、橙色、黄色、白色交替变幻，勾勒着那段多彩的神话传奇。

松阳七彩玛瑙

【矿物档案】

馆藏编号：000904（E00205）
名称：松阳七彩玛瑙
英文名：Songyang colored agate
矿物组成：主要为石英
产地：中国浙江
尺寸：40cm×35cm×4cm

【矿物物语】

  产于丽水的松阳七彩玛瑙，属于隐晶质石英岩玉，以丰富的包裹体为特征，形成绚丽多彩、奇特多变的花纹图案，宛若走进一片层林尽染的红色森林，是一件极具收藏和观赏价值的珍品。

泰顺三彩

矿物档案

馆藏编号：000721（E00164）
名称：泰顺石
英文名：Taishun tricolor stone
矿物组成：主要为叶蜡石
产地：中国浙江
尺寸：37cm×21cm×8cm

矿物物语

　　泰顺三彩因产于温州泰顺而得名，主要矿物成分为叶蜡石，以颜色丰富、纹理精美、石质细腻为特点。它的颜色多变且有层次，纹理独特宛如木纹，因此亦称"木纹石"，见证着一段段岁月沉淀的地质记忆。

黄蜡石

矿物档案

馆藏编号：000743（E00186）
名称：黄蜡石
英文名：Chrismatite
矿物组成：主要为石英
产地：中国浙江
尺寸：14cm×13cm×8cm

矿物物语

  黄蜡石产于衢江、兰江、婺江等流域，金华兰溪是"中国黄蜡石之乡"。黄蜡石是一种隐晶质石英质玉石，坐拥天玄地黄帝王之色，又因其表面的蜡状质感而得名。品质良好的黄蜡石有着田黄石般的颜色、翡翠的硬度、玉髓的透明度，兼具形奇、皮好、纹美、质优、色多等特点，是玩石界不可多得的瑰宝。

萧山红石

矿物档案

馆藏编号：000214（E00011）
名称：萧山红石
英文名：Xiaoshan red-stone
矿物组成：主要为叶蜡石
产地：中国浙江
尺寸：15.5cm×3.5cm×3.5cm

矿物物语

　　萧山红石产于杭州萧山7亿年前的火山岩中，是印石中形成年代最久远的石材之一。它主要由叶蜡石、伊利石、地开石和三水铝土等矿物组成，其独有的红色由赤铁矿所致，常被称为"中国红"。

第三章
浙江典型岩石篇

  岿然山石诉过往。驻足于浙江省地质博物馆外，能看到一排巍峨矗立的大型岩矿石标本，蔚为壮观，可谓"一步阅古今，一眼见亿年"！如果说年轮可以记录树木的岁月，那么岩石则会向你诉说地球的时光。它们曾经历过炽热的火山喷发，也曾置身于天寒地冻的冰封世界，更经过古陆碰撞拼贴下的高压变质过程，历经岁月洗礼，见证了沧海变桑田。现将这些岩石标本串联起来，便是一条通往二十几亿年前的山海浙江演化之路。

黑云斜长片麻岩

产地：丽水龙泉

这是一块形成于约18亿年前的变质岩，它不仅是浙江已知最古老的岩石之一，也是元古宙浙南大陆存在的重要证据。从它的名字可以知道，黑云母、斜长石为主要矿物成分，黑褐色的黑云母与浅灰白色的斜长石相间定向排列，在变质作用下形成典型的片麻状构造，外观像一块夹心黑芝麻饼干，妥妥的干货，能量满满。

外观像夹心黑芝麻饼干的片麻状构造

超镁铁质球状岩

这是一块形成于约 8.4 亿年前的超基性侵入岩，主要由辉石、角闪石及少量磁铁矿等矿物组成，表面可见由黑褐色角闪石和黄绿色辉石相间分布构成的同心圆状构造，密密匝匝似圈圈钱串子，有颜更有值。产于诸暨的球状岩是目前全球唯一的超镁铁质球状岩，也是研究浙江大地构造演化的重要载体，实属罕见珍品，极具科研及观赏价值。

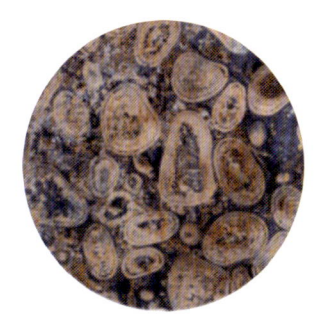

黑褐色角闪石与黄绿色辉石相间分布形成同心圆状构造

产地：绍兴诸暨

冰碛岩

这块冰碛岩形成于距今7.8亿~6.4亿年，它曾经历过浙江第一次大冰期，并见证了"雪球地球"事件。

冰碛岩中粒度大小不一的砾石

让我们睁大眼睛，一起来找一找冰碛岩中的"冰砂"吧！

亿万年前的大型冰川运动沿途裹挟各种岩块、泥砂、碎屑等，当冰块消融，冰中的砂石便沉积下来形成了冰碛岩，也叫冰碛砾泥岩。如今，岩石中的"冰"肯定没有了，砾石倒是有很多，其成分复杂，大小不等，分选度差。

产地：杭州淳安

第三章
浙江典型岩石篇

叠层石

　　叠层石,顾名思义是一种一层叠一层的石头,它是藻类在生命活动过程中,将海水中的钙、镁碳酸盐及其碎屑颗粒黏结、沉淀形成的化石。这块来自浙江江山的叠层石形成于5.8亿~5.4亿年前,可以说是浙江已知最古老的生物化石。灰白相间、明暗更替的纹理层层叠叠向上累积,日复一日记录着蓝藻的生命足迹,似乎也在告诉我们它喜欢白天向光生长,到了晚上就匍匐休息。

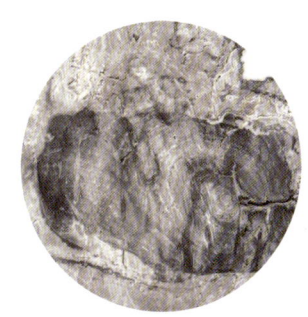

层层叠叠的叠层石

产地：衢州江山

榴闪岩

白色长石围绕着红棕色的石榴子石形成似"白眼圈"结构。

产地：衢州龙游

榴闪岩形成于约4.4亿年前的变质岩，是江山-绍兴对接带形成过程中的重要产物，主要由石榴子石、角闪石、单斜辉石以及少量的石英、斜长石等矿物组成，表面明显可见白色的长石围绕着红棕色的石榴子石一圈圈生长，形成一种似"白眼圈"的结构特征。

此外，我们的地质专家还曾在榴闪岩中发现过金刚石，指示其经历过高压-超高压变质作用。没想到吧，这块大个头竟还蕴藏了如此珍贵的宝石。

第三章
浙江典型岩石篇

石榴黑云斜长片麻岩

　　这块石榴黑云斜长片麻岩形成于约4.3亿年前,是江山-绍兴对接带形成过程中的变质产物,主要由斜长石、黑云母与少量石榴子石组成,黑褐色的黑云母与灰白色的斜长石相间定向排列,构成片麻状构造,而扭曲的褶皱正是其抗衡挤压变质后留下的痕迹。

产地：绍兴诸暨

因挤压变质形成扭曲的褶皱

79

结　语

　　回顾这趟探索浙地宝藏之旅，每一块矿物、玉石、岩石都是地球历史的一个缩影，承载着地质变迁的故事，小小石头蕴含大大乾坤。地球为我们带来了无限的自然之美，每一个角落都值得我们去探索和发现，也正因如此，我们更要时刻保持对自然的敬畏之心，珍惜地球赋予我们的自然瑰宝，并肩负起保护与呵护地球的责任，合理开发自然资源，实现可持续利用与高质量发展！

　　本书为浙江省地质博物馆系列科普图书之一，全书由浙江省地质博物馆编委会组织策划编写，具体分工为：编写大纲由李启秀、周宗尧、程海艳、朱朝晖、吕剑、周科南共同策划；前言由李启秀、周宗尧编写；馆藏精品矿物篇由李启秀、朱朝晖、周科南、施展乐编写；浙江特色玉石篇由程海艳编写；浙江典型岩石篇由汪建国、刘风龙、刘远栋编写；全书由李启秀统稿；吕剑、齐岩辛、王璐负责完成标本定名及照片拍摄工作。

　　本书在编写过程中得到了诸多前辈、专家和同行的指导与帮助，浙江大学饶灿教授、北京经济管理职业学院王美丽副教授等为本书的编写提出了诸多宝贵意见，在此一并感谢。

　　限于作者知识水平和编写经验有限，书中难免存在不足之处，敬请广大读者批评指正。

主要参考文献

曹睿，葛若雯，2023.浅谈萤石的致色原理［J］.宝藏，(1):72-77.

胡哲，2020.芙蓉石内纤维状包裹体的研究现状［J］.中国宝玉石 (1):8.

黄杰鹏，陈勤，贺元，等，2022.水晶的呈色机理及改色研究综述［J］.超硬材料工程，34(6):61-64.

水涛，2007.绍兴 - 江山古陆对接带研究及矿产资源勘查［J］.浙江国土资源 (2):41-44.

汪建国，余盛强，胡艳华，等，2014.江山 - 绍兴结合带榴闪岩的发现及岩石学、年代学特征[J].中国地质，41(4):1356-1363.

王孔忠，黄国成，2020.浙江矿产地质·中国矿产地质志·浙江卷·普及本［M］.北京：地质出版社.

王孝磊，舒徐洁，邢光福，等，2012.浙江诸暨地区石角 - 璜山侵入岩 LA-ICP-MS 锆石 U-Pb 年龄——对超镁铁质球状岩成因的启示［J］.地质通报，31(1):75-81.

余晓艳，2009.有色宝石学教程［M］.北京：地质出版社.

张蓓莉，2006.系统宝石学［M］.北京：地质出版社.

张传昱，苏肖宇，罗建宏，等，2004.滇西北普朗斑岩铜矿区发现热液脉型金矿床（1.2 吨）［J］.中国地质（8），1-3.

张金国，赵希林，刘欢，等，2022.浙江龙泉岩群新元古代—早古生代变沉积岩地球化学特征及其对华南构造演化的指示［J］.地质通报，41(12):2202-2223.

赵珊茸，2004.结晶学与矿物学［M］.2 版.北京：高等教育出版社.